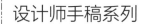

设计师手稿系列

服装设计师 手稿速成图册

人体动态·着装快速表现

刘笑妍 _____ 著

中国纺织出版社有限公司

内 容 提 要

本书以女装人体动态与着装快速表现为主要内容，分别展示了女士正装、女士便装、女士休闲装三大品类的设计师手稿，图量丰富、风格时尚，其目的是帮助服装专业人员和对人体动态与着装设计图有兴趣的读者理解服装与人体动态的快速表现方法，拓展设计思维，掌握更深层次的服装表现要领，从而达到提升专业绘图能力与设计表现力的学习目的。

本书既是服装设计专业的实用性教材，也可作为服装人体动态表现学习和借鉴的工具书与速查手册。

图书在版编目（CIP）数据

服装设计师手稿速成图册. 人体动态·着装快速表现 / 刘笑妍著. --北京：中国纺织出版社有限公司，2021.1
（设计师手稿系列）
ISBN 978-7-5180-7963-6

Ⅰ.①服…　Ⅱ.①刘…　Ⅲ.①女服—服装设计—图集　Ⅳ.①TS941.2-64

中国版本图书馆CIP数据核字（2020）第197231号

责任编辑：孙成成　　责任校对：王花妮　　责任印制：王艳丽

中国纺织出版社有限公司出版发行
地址：北京市朝阳区百子湾东里A407号楼　邮政编码：100124
销售电话：010—67004422　传真：010—87155801
http://www.c-textilep.com
中国纺织出版社天猫旗舰店
官方微博http://weibo.com/2119887771
北京玺诚印务有限公司印刷　各地新华书店经销
2021年1月第1版第1次印刷
开本：889×1194　1/16　印张：10
字数：180千字　定价：45.00元

前言

PREFACE

　　本书把女装分为三大部分，分别是女士正装、女士便装、女士休闲装，并以人体服装效果图的形式全面展示了女装的风格特点和款式特征，包括廓型和细节等，许多款式是非常有设计理念的优秀实例。从这些服装款式中我们可以体会到女装丰富的变化、精湛的处理工艺以及低调却不失内涵的风格。

作者

2020年10月1日

目录

C O N T E N T S

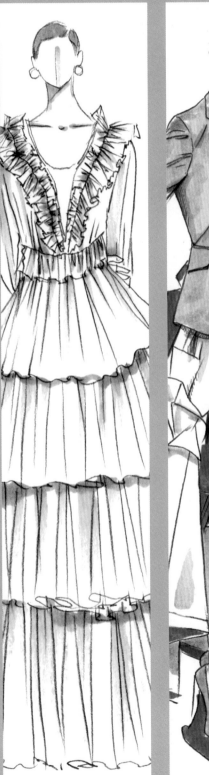

第1部分
女士正装

定制晚礼服

晚礼服是出席正式晚宴和舞会的专属服装，是女性展示自己独特穿衣品位的最佳时机。许多晚礼服来自高级定制工坊，由世界顶级设计师操刀，选用最昂贵、奢华的面料，全程手工缝制，装饰工艺精湛，是服装分类中最高级的部分。现如今能够消费得起高级时装的顾客开始变少，而"红毯"则成为高级时装出现场合最多的地方，许多明星身着心仪设计师的作品等待记者拍照，各大媒体的头条报道对明星和设计师作品都起到了宣传作用。每次"红毯秀"之后都会评选出"最佳时尚着装"的明星，而其所着服装也会在一夜之间变得家喻户晓。

定制
晚礼服

定制
晚礼服

CHicco Mao

礼服裙

制作女性高级时装系列的时装屋，如香奈儿（Chanel）、迪奥（Dior）等，也生产高级成衣系列。由于高级成衣的制作速度更快，实用性更高，因此回报也更大。礼服裙属于高级成衣系列，其价格也不菲，因为在选料、做工、板型等方面都是无可挑剔的。这些礼服裙都是"限量版"，也是很多明星出席重要活动的首选。

礼服裙

Alberta Ferretti

礼服裙

礼服裙

Giambattista Valli

礼服裙

礼服裙

Moschino

Giambattista Valli

礼服裙

套装

女性消费者多喜爱女士套装，穿着方便，通常由短上衣和裙子搭配而成。最早的女式套装起源于骑马服装，后来基于男士服装进行了改良设计而成。后期随着女性地位的提高和从业人员的增加，合体、实用的女性套装便成为女性衣橱中不可或缺的实用单品。1947 年克里斯汀·迪奥的新风貌（New Look），就是女性套装的典型代表，一经推出便大获成功，影响至今。

套装

套装

套装

套装

Balenciaga

Versace

Ports 1961

套装

Emporio Armani

Dries Van Noten

Bally

套装

Roberto Cavalli

Miu Miu

Dries Van Noten

Balmain

套装

Armani

套装

套装

套装

Dior

裙装

　　一件质地考究的西装裙（Suit-dress）是职业女性的首选。无论是 A 型裙还是帝政风格的小黑裙，黑色面料是永不过时的经典色。在这些黑色设计中，我们可以找到更加流畅简洁的剪裁，凸显女性神秘和自由之感。

裙装

Reed Krakoff

裙装

3.1 Phillip Lim

裙装

Prabal Gurung

Belstaff

Michael Kors

Carven

裙装

裙装

衫裤套装

衫裤套装既能表现出女士正装的优雅感与正式感，又能兼具舒适性与时尚感，是当今女性着装的重要搭配形式。

Bottega Veneta

CHloe

Vanessa Bruno

衫裤
套装

衫裤
套装

Max Mara

第2部分
女士便装

夹克

　　女装夹克是从男装夹克中提取元素设计而成的，20世纪初期，一些设计师推动了女士夹克款式的发展和变化。女性社会角色的改变也导致女性夹克功能性的改变，女装夹克趋于休闲风格特点，随着实用性的增强，女士夹克在女装中的地位也发生了变化。

夹克

夹克

Marni

Marni

Rochas

夹克

外套

上衣外套的长度短于大衣外套，在春秋两季中较为常见，因为其长度适中，利于穿着者活动。在各种内搭外面穿一件上衣外套，这种刚柔并济的穿搭方式，让女性在性感和大气之间游刃有余。

外套

Roland Mouret

外套

风衣

　　风衣最早出现在英国，主要是牧羊人、农民用来防风雨用，在第一次世界大战期间，这种乡间的防风雨服被士兵穿用，在泥泞的战壕中挡风遮雨。风衣是由防水重型棉华达呢，或皮革，或府绸制成的外衣，它一般有一个可拆卸的隔热衬里。插肩袖经典款有不同的长度，有紧贴脚踝的长款，也有到膝盖之上的短款。

　　经典款风衣是双排扣，前胸10粒纽扣，宽翻领，还有着防雨披肩以及带纽扣的口袋。风衣通常在腰部有腰带，外套也常有肩带和纽扣，肩部的风衣披原本是为了防护功能，发展至今有了让雨水从身体两侧流走的用途。颈部的锁扣、手腕处的系带、背部的防雨罩等细节都让风衣成了抵御坏天气的首选外套。这些细节在军事方面有实用的功能。虽然风衣发展到现在有许多颜色，但传统风衣的颜色仍是卡其色。

风衣

Blumarine

JIL SANDER

大衣

外衣长度及膝的服装被称为大衣外套，通常穿在夹克或西服的外面。面对冬季阴霾的天气，多种廓型的大衣是时尚女性的首选单品。局部镶嵌狐狸毛的大衣为冬季的寒冷带来一丝暖意。精致的毛呢、羊绒、皮革，质感丰满的皮毛和混搭面料，配合极简主义风格的设计方法，突显女性气质，简单大方就是冬季之美。

大衣

大衣

大衣

大衣

Céline

大衣

大衣

MAX MARA

Alexander Wong

大衣

MiuMiu

Max Mara

大衣

Gucci

Marni

大衣

Trussardi

Max Mara

大衣

大衣

大衣

大衣

大衣

皮草外套

　　每个冬季都可以发现许多标新立异的皮草设计，传统的皮草设计已经无法满足消费者的需要，多种皮草拼接会让人眼前一亮，机车皮夹克总是摇滚味十足，身穿长绒毛大衣飘逸地行走在人群之中，充满了野性之美，配上争奇斗艳的配饰让人为之疯狂。

皮草
外套

Fendi

皮草
外套

Marni

Roberto Cavalli

THe Row

皮草
外套

Fendi

衬衫

　　女士衬衫是衣橱必备的经典服装类型之一，在日常生活中穿着频率较高。根据场合的不同，衬衫的设计有正式的与西装外套或夹克搭配穿着的正装衬衫，也有日常进行细节变化处理的女衬衫。女士衬衫是由男装衬衫转化而来，也保留了男装衬衫的主要特征。春秋季节有多种变化款式的衬衫，如宽大型的"男朋友式"衬衫、蝙蝠袖衬衫、泡泡袖衬衫等。现在，及膝或过膝款长衬衫极为常见。

　　衬衫设计的精彩之处不仅仅体现在板型上，其所使用的面料和纽扣都是能让衬衫出彩的细节，是消费者最先留意到的细节，也有许多衬衫采用刺绣或珠绣等复杂的装饰工艺。衬衫的变化款式繁多，是女性消费者钟爱的单品。

　　衬衫的材料多种多样，有夏季的亚麻、丝绸等轻薄面料，也有秋冬季常见的法兰绒面料。条纹、波点、印花、格子为其主要图案，色彩也是十分丰富。

衬衫

衬衫

衬衫

衬衫

衬衫

针织服装

　　毛衣是覆盖躯干和手臂的针织服装，套头毛衣或针织开衫都属于毛衫一类。成人和儿童不分性别都可以穿着毛衣，毛衣通常穿在衬衣、T恤衫的外面，有时也会直接接触肌肤穿着。传统的毛衣是由羊毛制成，发展至今，毛衣也出现了棉质、合成纤维等多种材质。

针织
服装

stella McCartney

Jay Ahr

针织
服装

Dries Van Noten

针织
服装

裤装

裤子就是穿在腰部到脚踝的服装，分别覆盖双腿。裤子最早仅被男性穿着，到了20世纪中期，裤子才被越来越多的女性穿着。裤装的款式多变，尤其是女装裤子款式，腰部处理有高腰、中腰、低腰之分；从裤腿变化上，可以分为紧身裤、阔腿裤、喇叭裤等；从裤长上分，可有七分裤、九分裤、长裤的差别。

裤装

Marni

裤装

裤装

CHICCO MAO

裙子

　　裙子是女士时装的重要组成部分，裙装是女性偏爱的服饰类别，裙子的款式多种多样，适合不同身材特点的女性穿着，如铅笔裙、迷你裙、伞裙、鞘型裙、泡泡裙等。裙装的变化反映了不同时期的流行趋势，也反映了文化、经济、面料织物等方面的变化。

　　2003年，伊夫·圣·洛朗的高开衩红裙让人惊艳不已，多年过去，设计师们仍将裙子的开衩保持高度，由于崇尚极简主义，裙子呈现的是另一种更为摩登的味道。

裙子

裙子

Marni

GIAMBA

裙子

CHICCO MAO

裙子

裙子

第3部分

女士休闲装

休闲装

　　休闲装始于1950年，被定位为非正式场合穿着，属于日常服装。随着青年文化的发展，青少年们不想要看起来像他们父母的穿着打扮，因此开始有了自己的打扮方式。如今休闲装已被普遍穿着，占有市场较大的比例。

休闲装

休闲装

Dior

GREAT HOWEVER

Marni

Viktor & Rolf

Moncler Gamme Rouge

休闲装

休闲装